Samuel Prem Mathi Maran

Extração de catequinas altamente biodisponíveis de folhas de chá frescas

Samuel Prem Mathi Maran

Extração de catequinas altamente biodisponíveis de folhas de chá frescas

ScienciaScripts

Imprint

Any brand names and product names mentioned in this book are subject to trademark, brand or patent protection and are trademarks or registered trademarks of their respective holders. The use of brand names, product names, common names, trade names, product descriptions etc. even without a particular marking in this work is in no way to be construed to mean that such names may be regarded as unrestricted in respect of trademark and brand protection legislation and could thus be used by anyone.

Cover image: www.ingimage.com

This book is a translation from the original published under ISBN 978-620-2-31949-2.

Publisher:
Sciencia Scripts
is a trademark of
Dodo Books Indian Ocean Ltd. and OmniScriptum S.R.L publishing group

120 High Road, East Finchley, London, N2 9ED, United Kingdom
Str. Armeneasca 28/1, office 1, Chisinau MD-2012, Republic of Moldova, Europe
Printed at: see last page
ISBN: 978-620-8-12449-6

ÍNDICE DE CONTEÚDOS

CAPÍTULO 1

O chá, *Camellia sinensis*, é consumido em todo o mundo e a água é a segunda bebida mais popular. O consumo de chá verde tem sido associado a uma diminuição do risco de desenvolvimento de doenças cardiovasculares, degenerativas e cancro. Os benefícios biológicos do chá têm sido atribuídos principalmente aos seus polifenóis, especialmente aos flavonóides do tipo catequina. As catequinas são um grupo de flavonóides que se distinguem pelo elevado grau de oxidação do anel heterocíclico e pela boa solubilidade em água. As principais catequinas do chá verde são: a) Catequina (C), b) Epicatequina (EC), c) Galocatequina (GC), d) Epigalocatequina (EGC), e) Galato de Catequina (CG), f) Galato de Epicatequina (ECG), g) Galato de Galocatequina (GCG) e h) Galato de Epigalocatequina (EGCG), sendo o ECG e o EGCG os compostos principais e mais activos. A fórmula molecular e o peso molecular das 8 principais catequinas são apresentados no Quadro 1. A estrutura molecular das principais catequinas é apresentada no Diagrama 1. As folhas de chá são o único produto alimentar que contém galato de epigalocatequina (EGCG).

QUADRO 1: Fórmula molecular e peso molecular das principais catequinas do chá verde

COMPONENT	CAS NUMBER	MOLECULAR FORMULA	MOLECULAR WEIGHT
Catechin (C)	7295-85-4	$C_{15}H_{14}O_6$	290.27
Epicatechin (EC)	490-46-0	$C_{15}H_{14}O_6$	290.27
Gallocatechin (GC)	985-51-5	$C_{15}H_{14}O_7$	306.27
Epigallo catechin (EGC)	970-74-1	$C_{15}H_{14}O_7$	306.27
Catechin Gallate (CG)	130405-40-2	$C_{22}H_{18}O_{10}$	442.37
Epicatechin Gallate (ECG)	1257-08-5	$C_{22}H_{18}O_{10}$	442.37
Gallocatechin Gallate (GCG)	4233-96-9	$C_{22}H_{18}O_{11}$	458.37
Epigallocatechin Gallate (EGCG)	989-51-5	$C_{22}H_{18}O_{11}$	458.37

DIAGRAMA 1; Estrutura molecular das catequinas

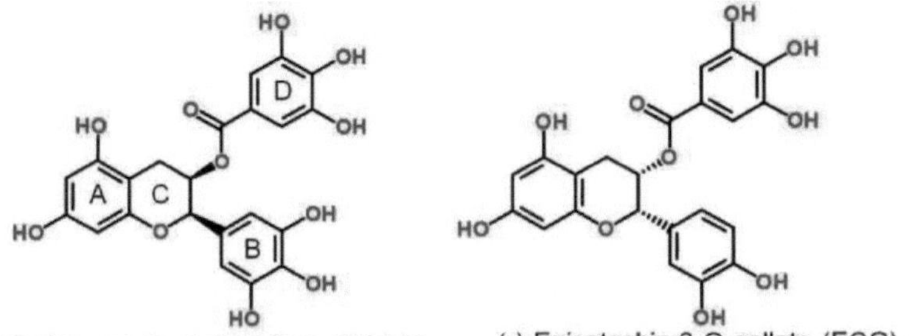

(-)-Epigallocatechin-3-O-gallate (EGCG) (-)-Epicatechin-3-O-gallate (ECG)

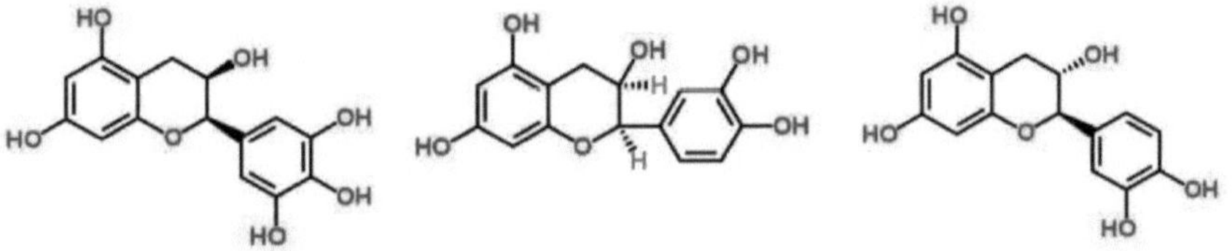

(-)-Epigallocatechin (EGC) Epicatechin (EC) Catechin (C)

Vários estudos laboratoriais e epidemiológicos sugeriram que o chá verde e os polifenóis do chá verde estão associados a muitos benefícios para a saúde, incluindo a prevenção de doenças cardíacas, doenças neurodegenerativas e cancro . As catequinas do chá verde, especialmente a EGCG, demonstraram ter muitas actividades biológicas, incluindo antioxidante, anti-inflamatória, anticancerígena, proteção cardiovascular, neuroprotecção, antibacteriana e antiviral, antimalárica, controlo diabético, gestão do peso e atividade protetora dos raios UV. Foram propostos numerosos mecanismos para explicar essas propriedades, que estão resumidos na (Tabela 2) e no diagrama 2.

O extrato de chá verde tem grande valor medicinal e tem propriedades clínicas significativas no controlo de várias actividades fisiológicas no ser humano. O principal componente clínico dos extractos de chá verde são as catequinas de galato, que incluem 8 catequinas principais,

QUADRO 2; Benefícios para a saúde e possível mecanismo de ação dos extractos de chá verde.

HEALTH BENEFIT	MECHANISM
Cancer Prevention	Anti oxidative, antiproliferative, pro-apoptotic effects
Antiviral effect	Inhibiting virions binding to the target cell surface
Cardiac Protection	Cholesterol-lowering effects, antioxidative effects
UV Skin protection	Restores glutathione, superoxide dismutase and other antioxidant levels in the skin
Antiartheritic effect	Reduced expression of COX-2 (cyclooxygenase-2)
Anticarcinogenic effect	Inhibits salivary amylase; antibacterial activity
Weight Loss	Thermogenic properties and promotion of fat oxidation
Neuroprotective effects (Parkinsons, Alzheimers stroke)	Antioxidative activity, iron chelating effects
Antidiabetic effects	Increased insulin sensitivity and glucose tolerance

Diagrama 2; Representação esquemática dos benefícios médicos das catequinas do chá verde

CAPÍTULO 2

COMPONENTES DE FOLHAS DE CHÁ FRESCAS

Para desenvolver um processo de extração eficiente, é imperativo conhecer os constituintes fitoquímicos das folhas de chá verde.

A composição química das folhas de chá verde varia em função da cultivar, das condições climáticas, das propriedades do solo, da época de colheita, da posição das folhas e das práticas agronómicas.

As folhas de chá contêm os seguintes componentes

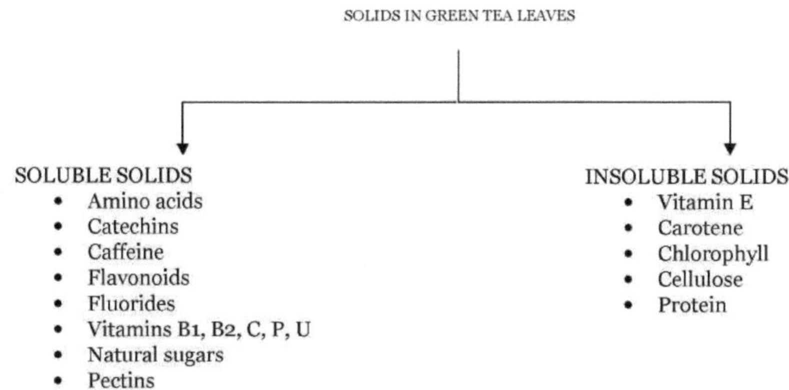

Entre estes, os polifenóis são o principal componente farmacologicamente importante. O termo polifenol refere-se simplesmente a uma categoria de compostos constituídos por muitos grupos fenólicos, daí o nome polifenol. Estes compostos são metabolitos vegetais do chá, que representam cerca de 30-40% das folhas de chá recém-colhidas e dos sólidos do licor de chá. O rebento e a primeira folha têm a maior concentração de polifenóis e os níveis de polifenóis diminuem em cada folha ao longo da planta. Estima-se que existam cerca de 30 000 compostos polifenólicos no chá, sendo os flavonóides, sem dúvida, o grupo mais importante de polifenóis do chá e a fonte das muitas alegações de saúde em torno do chá e, especificamente, dos antioxidantes do chá.

A principal atividade farmacológica e o efeito antioxidante do chá verde estão diretamente relacionados com os compostos fenólicos totais, embora contenha várias catequinas que têm sido associadas ao forte efeito antioxidante dos extractos de chá verde.

O diagrama ¾ mostra a representação pictórica dos componentes do chá fresco
folhas.

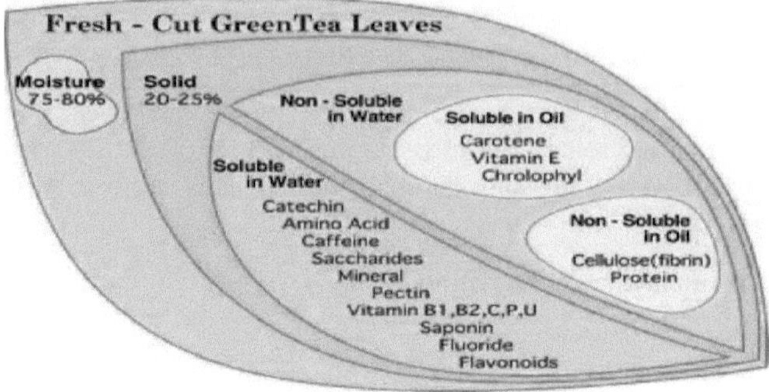

Diagrama 4: Matriz do extrato de chá verde

Os extractos de chá verde são designados por polifenóis. Entre os polifenóis, as catequinas constituem a maior parte. Existem 8 catequinas principais, que são referidas na Tabela 1 e no diagrama 1.

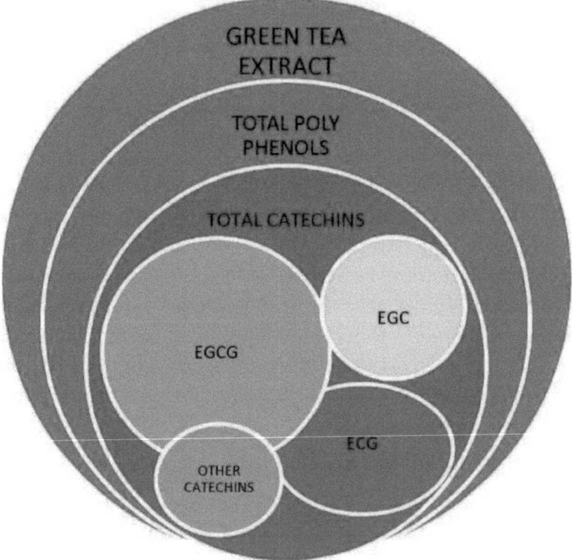

CAPÍTULO 3

BIODISPONIBILIDADE:

A biodisponibilidade é uma medida da quantidade de uma dose administrada que atinge a corrente sanguínea. Assim, representa a fração da dose que é absorvida e escapa à eliminação de primeira passagem.

A biodisponibilidade é normalmente estimada medindo a porção de um fármaco (em percentagem) que atinge o fluxo sanguíneo sistémico após a sua administração não sistémica.

A atividade biológica destes extractos de chá verde (catequinas) está diretamente relacionada com a sua biodisponibilidade. Os efeitos benéficos para a saúde das catequinas do chá estão fundamentalmente relacionados com a sua biodisponibilidade, absorção, distribuição em vários órgãos, metabolismo e excreção do organismo.

A biodisponibilidade dos extractos de chá verde está, por vezes, relacionada com a atividade antioxidante, que tem uma correlação positiva e significativa com EGC e EGCG, avaliada através de uma correlação de Pearson, e com EC nos ensaios FRAP e DPPH. Isto confirma que o conteúdo e a estrutura das catequinas influenciam grandemente a atividade antioxidante e, por sua vez, a biodisponibilidade dos polifenóis do chá verde.

Para utilizar estas catequinas como um suplemento de saúde eficaz para um medicamento alvo/neutracêutico/, é necessário um extrato de chá verde altamente biodisponível. É bem sabido que nem todos os extractos de chá verde são absorvidos com a mesma eficiência.

Mais uma vez, é sabido que os extractos de chá verde disponíveis no mercado têm uma biodisponibilidade muito fraca, embora se diga que o teor de catequinas é elevado.

Assim, empreendemos uma investigação para produzir um extrato de catequinas de galato altamente biodisponível através de uma nova metodologia de utilização de folhas de chá verde frescas.

CAPÍTULO 4

MÉTODO EXISTENTE DE EXTRACÇÃO DE CATEQUINAS DO CHÁ VERDE.

Foram utilizados vários métodos de extração de polifenóis do chá e do chá verde para aumentar a taxa de extração, diminuir o tempo e o custo da extração e maximizar o rendimento do processo.

As principais técnicas e processos de extração utilizados para extrair polifenóis são a extração por solvente convencional, a extração assistida por ultra-sons (EAU), a extração assistida por micro-ondas (EMA), a extração por pressão hidrostática elevada (HHPE) e a extração por fluido supercrítico (SFE).

Até 2000, a soxelação ou a extração por solvente convencional com etanol a 95% era considerada a melhor forma de extrair polifenóis totais.

Todos os métodos de extração de polifenóis disponíveis baseiam-se no princípio da extração sólido-líquido.

Numa extração simples Sólido-Líquido, as folhas secas de chá verde são carregadas num Extrator Sólido-Líquido. O solvente é introduzido no extrator. O extrator é aquecido. Após algumas horas, a miscela é recolhida através de um filtro. Esta miscela é posteriormente processada num sistema de destilação, removendo assim o solvente. A miscela altamente concentrada é agora seca num secador adequado para obter um extrato de chá verde em pó. Neste método de extração, a cor do extrato é castanha escura. Este não contém catequinas altamente biodisponíveis ou catequinas activas.

GRÁFICO DE FLUXO 1:

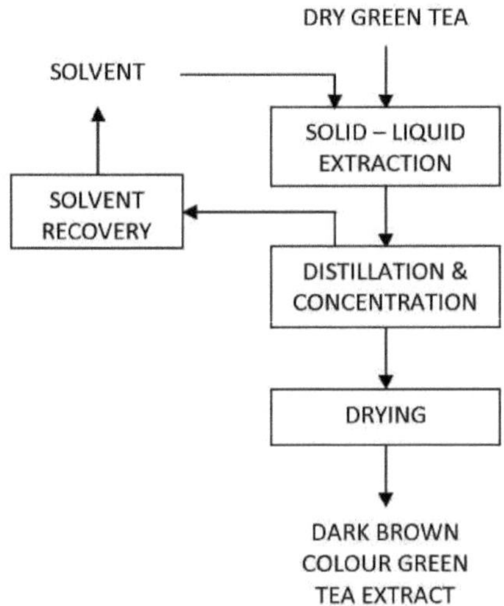

QUADRO 3: Vários métodos disponíveis de extração de polifenóis do chá

TEA COMPONENT	METHOD EMPLOYED	REFERENCE
Total polyphenol (TP)	50 % (ml/ml) of ethanol concentration, 20:1 (ml/g) of liquid/solid ratio and 500mpa of high hydrostatic pressure for 1 min by high hydrostatic pressure extraction (HHPE)	Jun et al. 2009
Major catechins from green tea	50 % (v/v) ethanolic solvent extraction, solvent to tea ratio 20 ml:1 g, 400mpa pressure for 15 min by ultrahigh pressure extraction	Jun et al. 2010
Total catechins	50 % (v/v) ethanol for 10 min for dry tea, and 75 % (v/v) ethanol for 10 min for fresh tea leaf. For commercial purpose water mediated extraction at 80 °C	Liang et al. 2007
Tea catechin	4 min microwave-assisted time, 50 % (v/v) ethanol concentration in water, liquid/solid ratio of 20:1 (ml/g) and pre leaching time of 90 min by microwave assisted extraction	Pan et al. 2003

Aqueous extraction of catechins	Either high temperature (95 °C) and short extraction time (5–10 min), or lower temperature (60 or 80 °C) and longer extraction time (20 min) to avoid catechins degradation and ratio of solvent to material (100 ml:1 g) or lower ratios (40 ml:1 g or 9 ml:1 g) and a multi-step extraction procedure to obtain more catechin	Perva-Uzunalic et al. 2006
Concentration of tea polyphenols by molecular distillation and drying by spray drying	70 °C distillation temperature, 10 ml/min flux, and 1,200 n/min rotational speed for concentration and 170 °C distillation temperature, 3 ml/min feed flux, 30 % feed concentration, and 30 m3/h wind capacity for drying	Tang et al. 2011
Catechin by water extraction	80 °C for 30 min, a tea particle size of 1 mm, a brewing solution ph <6 and a tea to- water ratio at 50:1 (ml/g) for maximal extraction and tea to- water ratio at 20:1 (ml/g) for cost efficiency along with maximal yield	Vuong et al. 2011b
Total polyphenol	60 % ethanol concentration, solid-to-liquid ratio 1: 12 g/ml at 80 °C, 10 min under the microwave power of 600 W.	Wang et al. 2010
Catechins From green tea	Ethanol concentration, 50 %; pressure, 490 mpa; and liquid/solid ratio, 20 ml/g by ultrahighpressure extraction	Xu et al. 2012

Foi efectuada uma pesquisa no estado da técnica para comprovar que o método por nós desenvolvido é único e original. A tabela 4 seguinte resume os trabalhos anteriores realizados sobre a extração de catequinas do chá.

Tabela 4: Pesquisa de arte anterior para a atual novidade dos métodos.

PATENT/ PUBLICATION NO	TITLE OF THE INVENTION	APPLICANT / ASIGNEEE	ABSTRACT
Granted Patent US20080113044A1	Extracts and Methods Comprising Green Tea Species	Alberte Randall S Gow Robert T Sypert George W Dan Li	In the case of green tea production, the young leaves are not permitted to oxidize. Instead, the leaves are steamed, which inactivates the oxidative enzymes, thus preserving the tea catechins. The chemical constituents of green tea leaf include the polyphenols, methylxanthines, amino acids, organic acids, carbohydrates, proteins, lignin, lipids, chlorophyll and other pigments, ash, and essential oils.
Granted Patent US4613672A	Process for the production of tea catechins	Mitsu Norin Co Ltd	Process for production of tea catechins selected from (-) epicatechin, (-) epigallocatechin, (-) epicatechin gallate and (-) epigallocatechin gallate comprising extracting tea leaves with hot water or an aqueous solution of methanol, ethanol or acetone, washing the extract containing solution with chloroform, transferring the washed solution into an organic solvent, removing the solution and passing the resulting solution through a reversed phase column in the presence of an eluting solution. Tea catechins and methods of using the same are also disclosed.

Patent application US4673530A	Process for the production of a natural antioxidant obtained from tea leaves	Mitsui Norin Co Ltd	A process for producing a natural antioxidant from tea leaves comprising treating said tea leaves with a solvent selected from the group consisting of hot water (preferably 80° C.-100° C.), a 40-75% aqueous solution of methanol, a 40-75% aqueous solution of ethanol and a 30-80% aqueous solution of acetone to obtain an extract-containing solution; washing the extract-containing solution with chloroform to obtain a washed extract; combining the washed extract with an organic solvent to transfer said washed extract into said organic solvent; removing the organic solvent; and drying the resulting extract. The invention also provides the natural antioxidant produced by the aforesaid process.
Patent application US20060263454A1	Production process of purified green tea extract	Yukiteru Sugiyama Hideaki Ueoka	A process for producing a purified product of green tea extract, which includes subjecting an aqueous solution of green tea extract to solid-liquid separation by filtration and/or centrifugal separation to obtain another aqueous solution of green tea extract, said another aqueous solution having a turbidity of from 0.2 to 2.0 as measured with a concentration of non-polymer catechins in it adjusted to 1 wt %, and then allowing the another aqueous solution of green tea extract to pass through a polymer membrane having a membrane pore size of from 0.05 to 0.8 μm such that the turbidity of the

			another aqueous solution of green tea extract is reduced to lower than 0.2 as measured with a concentration of non-polymer catechins in it adjusted to 1 wt %.
Patent application US20050176939A1	Method for selectively and sequentially extracting catechins from plant product	Universite Laval	The present invention provides a method for specifically and sequentially purifying catechins from a plant product. More particularly, the present invention provides a method for purifying EGC and EGCG from green tea leaves by sequential brewing at different brewing temperature and for specific infusion times.
Patent application US4248789A	Process for producing catechins	National Research Institute of Tea	A process for producing catechins from tannic substance which has been extracted from tea leaves. An aqueous solution of the extract is admixed with an aqueous solution of caffeine to form a liquid-containing mixture of free catechins and a precipitated mixture of ester-type catechins. The caffeine is then removed from the aforesaid mixtures, and the respective mixtures fractionated to obtain epicatechin, epigallocatechin, epicatechin gallate, and epigallocatechin gallate.

Patent application US6210679B1	Method for isolation of caffeine-free catechins from green tea	Hauser Inc	The process of the present invention relates to the isolation and purification of caffeine-free mixtures catechins from various different biomass sources, preferably from green tea leaves. More particularly, the present invention relates to a four-step process whereby highly pure, caffeine-free EGCG is isolated in high yields. These catechins may be used in pharmaceutical, nutraceutical and cosmetic products.
Patent application EP 1077211 A2	Process for the production of epigallocatechin gallate	F. Hoffmann-La Roche Ag	Epigallocatechin gallate (EGCG) is obtained by subjecting a green tea extract to chromatography on a macroporous polar resin; elating EGCG from the resin with a polar elution solvent; optionally concentrating the eluate; optionally regenerating the resin by desorbing the remaining catechins; and optionally concentrating the desorbed catechins.
Patent application US 20030083270 A1	Process for the production of (-)-epigallocatechin gallate	Roche Vitamins, Inc.	A process is provided for making (-)-epigallocatechin gallate (EGCG) by subjecting a green tea extract to chromatography on a macroporous polar resin, eluting EGCG from the resin with a polar elution solvent, optionally concentrating the eluate, optionally regenerating the resin by desorbing the remaining catechins, and optionally concentrating the desorbed catechins.
Patent application US 20030083270 A1	Process for the production of (-)-epigallocatechin gallate	Roche Vitamins, Inc.	A process is provided for making (-)-epigallocatechin gallate (EGCG) by subjecting a green tea extract to chromatography on a macroporous polar resin,

			eluting EGCG from the resin with a polar elution solvent, optionally concentrating the eluate, optionally regenerating the resin by desorbing the remaining catechins, and optionally concentrating the desorbed catechins.
Patent application CA 2704976 C	Process for manufacturing tea products	Steven Peter Colliver,	Disclosed is a process comprising the steps of: providing fresh tea leaves comprising catechins; macerating the fresh tea leaves thereby to produce dhool; fermenting the dhool for a fermentation time (t F) sufficient to reduce the content of catechins in the dhool to less than 50% of the content of catechins in the fresh tea leaves prior to maceration on a dry weight basis; and then expressing juice from the fermented dhool thereby to produce leaf residue and tea juice, wherein the amount of expressed juice is at least 50 ml per kg of the fresh tea leaves.
Patent application US5107000 A	Process for obtaining catechin complexes	Nestec S. A.	Catechin complexes are obtained from aqueous extracts obtained from plants containing catechins. The extracts are concentrated to a liquor, and the liquor then is extracted with dichloromethane to eliminate pigments from the liquor and to obtain an aqueous phase, which contains catechin complexes, and a dichloromethane phase. The aqueous phase is mixed with purified sea sand to form a paste which is eluted with acetone to obtain the catechin complexes in the acetone. The catechin complexes are recovered from the acetone by evaporating the acetone, and the

			recovered catechin complexes may be dried to obtain a powder.
Patent application WO 2006013871 A1	Process for producing nonpolymeric catechin containing tea extract	Kao Corporation	A process for producing a nonpolymeric catechin containing tea extract, comprising immersing nonfermented tea leaves in ethanol or an aqueous ethanol solution of 85 to 99.5 vol.% ethanol concentration to thereby obtain nonfermented tea leaves wherein the residual ratio of catechin is ≥ 80 wt.% based on the content before the immersion in the ethanol or aqueous ethanol solution, and extracting the nonfermented tea leaves with warm water or hot water. Nonpolymeric catechins can be obtained by highly efficient extraction, and the obtained tea extract ensures enhanced flavor and is free from any deposition at beverage blending.
JP2007001893A	Catechin composition and method for production of the same	Ito En Ltd	Tea catechins contained much in the tea leaves, a kind of polyphenol compounds, (-) - epicatechin (EC), (-) - epigallocatechin (EGC), as well as in those gallic acid ester (-) - epicatechin gallate (ECg) and (-) - are those epigallocatechin gallate (EGCg) 4 type is the Lord's, these tea catechins in dry tea leaves have been included 10~15wt% , it has become a subject of the astringency of tea (tea as a tea infusion). These tea catechins, antioxidant action, antibacterial action, deodorant action, blood cholesterol inhibiting action, a

			variety of chemical and physiological activity effects such as α- amylase activity inhibitory effect is known. However, in order to express such physiological effects of tea catechins, it is necessary to ingest a large amount of tea catechins. In this case, the catechin composition containing a high concentration of catechins formulated into food and beverage, if the easy form ingesting catechins, than tea (the tea as a tea infusion) intake and drinking, it is possible to consume a large amount of catechins even more efficient. Catechin composition containing such catechins at high concentration prepared from tea leaves, contaminants coexisting with catechins in the tea leaves, for example a purine base, saccharides, amino acids, organic acids, inorganic salts, the oxidation of catechins purified as only separate and remove possible contaminants such as polymers, it is necessary to obtain a catechin composition containing higher concentrations of catechins. Conventionally, catechin composition of this kind, namely as a method for obtaining the catechin composition containing a high concentration of catechins, are known techniques utilizing such liquid-liquid extraction and chromatographic separation method using an organic solvent

CAPÍTULO 5

NOVO MÉTODO DE EXTRACÇÃO DE CATEQUINAS GALADAS DE FOLHAS DE CHÁ FRESCAS:

Desenvolveu-se um novo método com uma dinâmica diferente, com o objetivo de produzir CATECINAS DE GALATO ALTAMENTE BIO DISPONÍVEIS, que está representado no Fluxograma 2.

PRINCÍPIO :

As folhas frescas de chá verde são convertidas em nano emulsões por um sistema hidrodinâmico especialmente concebido, o primeiro do seu género no mundo (HYDYNE-GT®). Este sistema converte as folhas frescas de chá verde numa nanoemulsão. Neste processo, as catequinas activas são libertadas para uma fase aquosa. A partir desta fase aquosa, as catequinas são removidas utilizando métodos de extração líquido-líquido. Durante a extração líquido-líquido, há uma separação de fases e todas as catequinas são puxadas pela fase solvente. A fase solvente e a fase aquosa são separadas e a fase solvente é posteriormente processada para remover os solventes utilizando uma via de destilação de contacto curto a baixa temperatura para obter um extrato de catequinas de galato altamente concentrado. Em seguida, este é seco sob vácuo para produzir um GTE altamente biodisponível que contém catequinas activas sob a forma de pó.

GRÁFICO DE FLUXO 2

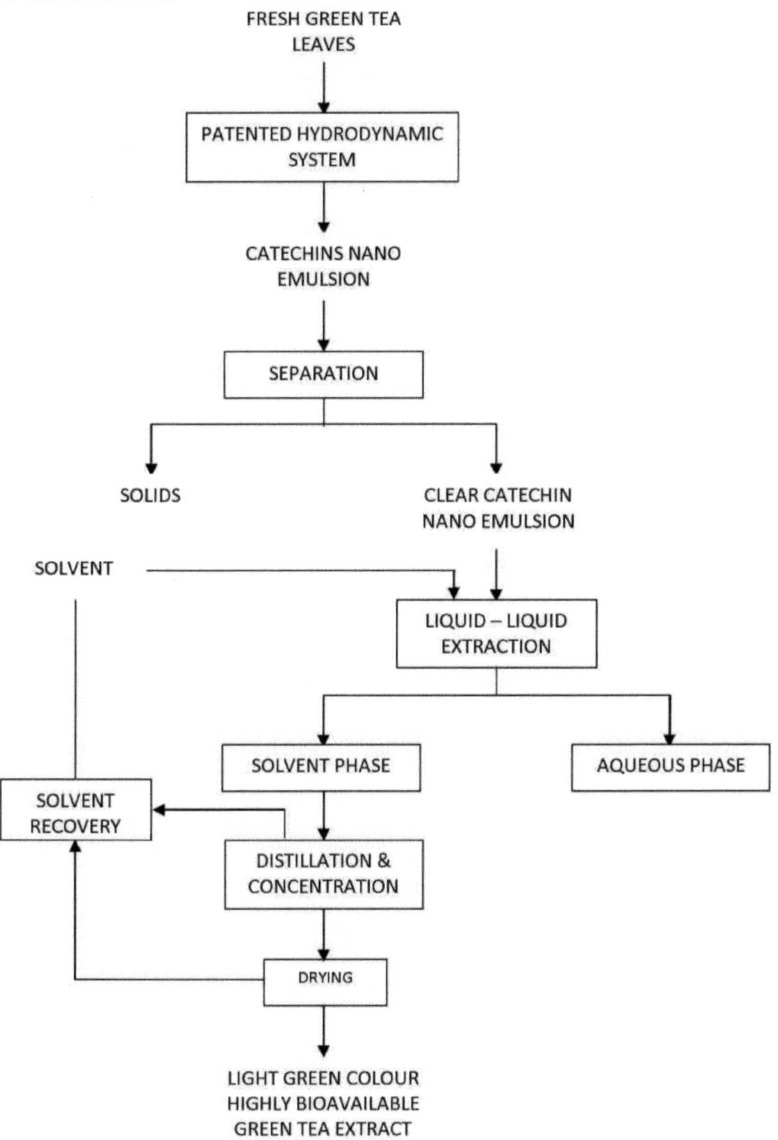

QUADRO :5

DIFERENÇA ENTRE A EXTRACÇÃO DE CHÁ VERDE POR MÉTODO CONVENCIONAL E POR MÉTODO PRÓPRIO DESENVOLVIDO PELA CLEAN GREEN BIOSYSTEMS

S.NO	CONVENTIONAL METHOD	CGBS METHOD
RAW MATERIAL		
1	Use of dried green tea leaves	Using fresh green tea leaves in pristine condition
2	Uses the leaves that are meant for normal green tea drinks	Using specific two leaf and a bud
METHOD OF EXTRACTION		
3	Direct Solid-Liquid extraction. Solvents are used to pull out the phytochemicals.	The fresh green tea leaves are converted into micro emulsion and the active phytochemicals are released into an aqueous phase , followed by a Liquid-Liquid extraction
4	Less yield of extracts (1-2%)	Higher yield of extracts (2-4%)
IMPACTS		
5	Less bioavailability and hence higher doses required	Higher bioavailability and hence lesser dosage is enough.
6	Less active phytochemicals	Loaded with active phytochemicals
7	Less shelf life	Higher shelf life
8	Mainly contains EGCG	Contains all the 8 catechins in significant quantities.
9	Minimal anti oxidant activity.	High antioxidant activity

QUADRO 6: FOLHA DE CÁLCULO COMPARATIVA DO MÉTODO CGBS DE EXTRACÇÃO DE CHÁ VERDE COM OUTROS MÉTODOS

PARAMETER	CGBS METHOD	CONVENTIONAL	SCFE	COMMENT
RAW MATERIAL	Fresh Green tea plant.	Dry plant material	Dry plant material	CGBS is the first and pioneer in using the fresh Green tea material. **NOVAL METHOD**
RAW MATERIAL SELECTION	Specific harvesting	Non specific	Non specific	CGBS follows a specific harvesting protocol, which is based on a two leaf a bud **NOVAL PROTOCOL**
PRE PROCESSING	Freezing the plant materials before extraction	None	None	Freezing helps fixing the molecules and retains the aroma. **NOVAL METHOD/PROTOCOL**
PRIMARY EXTRACTION	Conversion of fresh frozen Green tea plants into nano emulsion rich in active phytochemicals	None followed	None followed	Using a patentable process , by a specially designed hydro dynamic system. **NOVAL METHOD**
EXTRACTION	Liquid-Liquid extraction	Solid-Liquid extraction	Solid-Gas extraction	The nano emulsion is separated. Solids removed and the catechins rich emulsion is used in Liquid-Liquid Extraction in CGBS method.
DISTILLATION AND CONCENTRATION	Low temperature short contact distillation path. Molecular distillation in commercial plants.	Normal distillation	Gas recycling	Molecular distillation fixes the active catechins and prevents from thermal degradation
DRYING	Low temperature drying under vacuum	Low temperature drying under vacuum	None specific	Drying under high vacuum, which removes all the solvent traces
FINISHED PRODUCT	Paste/powder	Paste	Paste	CGBS extract is a broad spectrum extract with all the catechins.
BIO AVAILABILITY	Highly bio available	Less bio available	No data	CGBS extract is having higher bio availability. So lesser dose is enough to have a very good pharmacological effect.

Diagrama 5: REPRESENTAÇÃO DIAGRAMÁTICA DAS VANTAGENS DO MÉTODO NOVAL

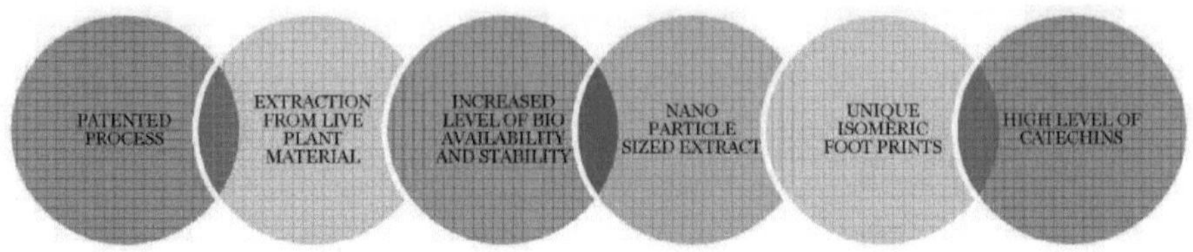

Diagrama 6: REPRESENTAÇÃO DIAGRAMÁTICA DOS MÉTODOS PROCESSUAIS DE GRANDE LARGURA envolvidos no método NOVAL

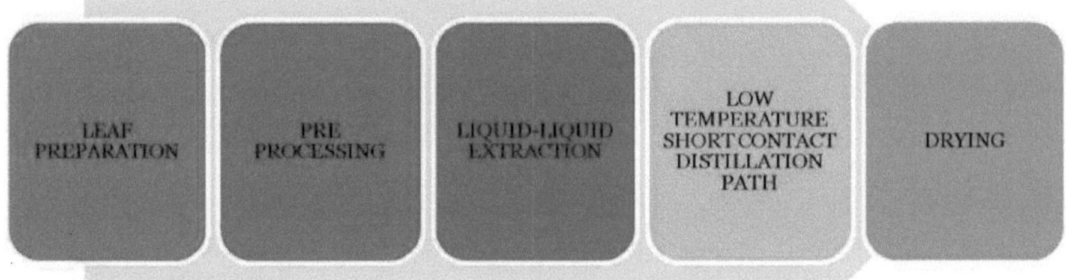

Diagrama 7: REPRESENTAÇÃO DIAGRÁMÁTICA DO BRIEFING DAS ETAPAS DO PROCESSO ENVOLVIDAS NO MÉTODO NOVAL

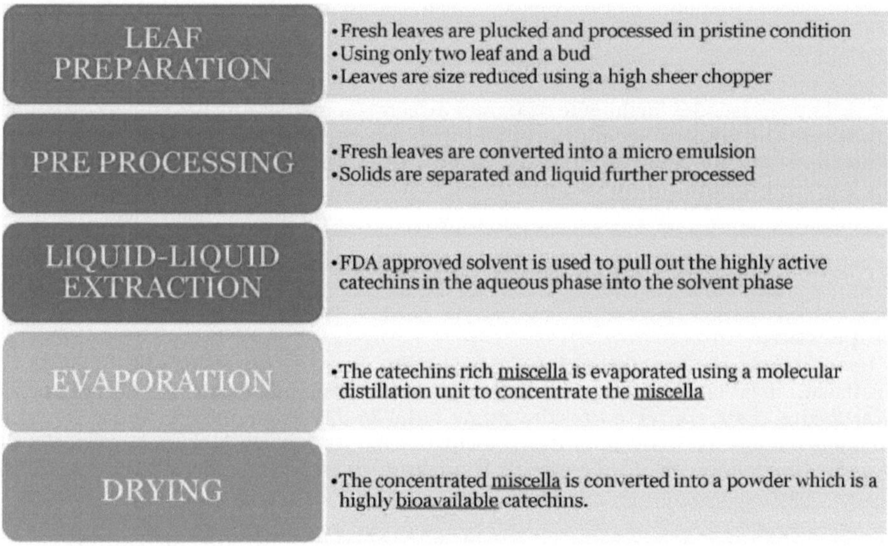

LEAF PREPARATION

- Fresh leaves are plucked and processed in pristine condition
- Using only two leaf and a bud
- Leaves are size reduced using a high sheer chopper

PRE PROCESSING

- Fresh leaves are converted into a micro emulsion
- Solids are separated and liquid further processed

LIQUID-LIQUID EXTRACTION

- FDA approved solvent is used to pull out the highly active catechins in the aqueous phase into the solvent phase

EVAPORATION

- The catechins rich miscella is evaporated using a molecular distillation unit to concentrate the miscella

DRYING

- The concentrated miscella is converted into a powder which is a highly bioavailable catechins.

CAPÍTULO 6

Fase I;
Preparação das folhas

A recuperação bem sucedida dos polifenóis EGCG numa forma estável das folhas de chá verde é fundamental para a utilização comercial deste composto na indústria do bem-estar e da saúde. A catequina do chá é um dos principais componentes da folha de chá, constituindo aproximadamente 20 a 30% da folha seca. As catequinas são taninos imaturos próprios das folhas do arbusto do chá e são facilmente oxidadas quando destacadas da planta. As propriedades facilmente oxidantes exigem um manuseamento cuidadoso quando as folhas de chá vivas são colhidas para a transformação e recuperação das catequinas. A instabilidade das catequinas do chá exige, por conseguinte, uma gestão hábil da folha de chá viva, a fim de produzir um composto estável e ativo. Foram identificados vários factores que influenciam a rápida degradação das catequinas do chá em folhas de chá vivas.

Por conseguinte, a colheita e o manuseamento das folhas de chá verde utilizadas no processo são muito importantes.

Temperatura

As temperaturas elevadas promovem a formação inicial de catequinas na folha de chá Theaflavin, mas também favorecem a conversão adicional desta TF em pigmentos Thearubigins. Esta conversão resulta numa redução das catequinas na folha de chá. A polifenóis oxidase (PPO) é uma das principais enzimas responsáveis pela oxidação dos flavonóis (polifenóis) em teaflavinas (TF) e tearubiginas (TR). A atividade da polifenóis oxidase é particularmente afetada pela temperatura.

Esta prova científica apoia o facto de a atividade da PPO ser drasticamente reduzida quando a folha é mantida idealmente a 10 graus Celsius, mantendo os seus elevados níveis de atividade das catequinas.

Manuseamento das folhas

O início da acumulação de calor nas folhas de chá colhidas começa no campo de chá devido ao mau manuseamento e transporte das folhas. Este processo começa no cesto dos apanhadores e continua até à chegada à fábrica. Infelizmente, este processo permite a acumulação de calor respiratório e danos físicos na folha. A folha pode atingir temperaturas até 50° C. Nestas condições, ocorre uma fermentação incipiente que resulta numa atividade PPO consideravelmente mais baixa e em níveis de TF muito mais elevados.

Contusões

Durante a depenagem e o manuseamento inadequados das folhas, a folha viva é exposta a contusões e a danos celulares que não são imediatamente visíveis. Quando a seiva celular é exposta à atmosfera, dá-se uma mudança na pigmentação do tecido, transformando carateristicamente os cloroplastos (verdes) em cromoplastos (vermelhos). Assim, o aparecimento da "folha vermelha" é um dano físico e uma folha danificada pelo calor.

Quando as folhas de chá verde (duas a quatro folhas e um rebento) são colhidas na exploração, são recolhidas e embaladas em cestos com cuidado, para garantir que não estão feridas e para manter as folhas a uma temperatura inferior a 35°C, e imediatamente transferidas para um reboque com ar condicionado. É importante garantir que as folhas colhidas são colocadas numa atmosfera controlada pelo ar para manter as folhas frescas e vivas.

As folhas frescas de chá verde são colhidas no campo. A chave do processo atual é a utilização de duas folhas por botão, porque o botão e as duas primeiras folhas têm a maior concentração de polifenóis activos. Estes botões de duas folhas imaculados são arrefecidos numa câmara/túnel de arrefecimento pouco antes de serem reduzidos de tamanho. O arrefecimento/congelamento preserva o aroma. Para cortar as folhas de chá verde arrefecidas, é utilizado um cortador de aço inoxidável de altas rotações.

Diagrama 8: Mímica PLC-SCADA da preparação de folhas de um sistema de extração comercial baseado na presente invenção.

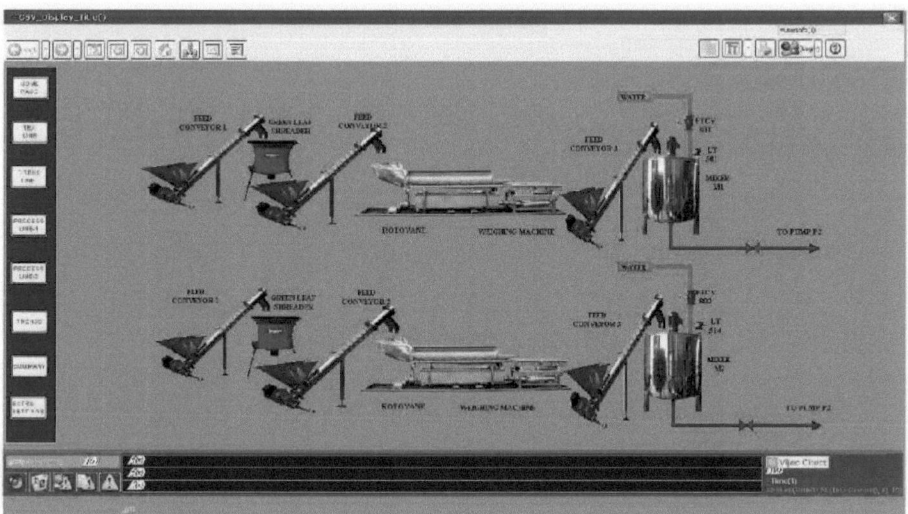

CAPÍTULO 7

Palco И:

Sistema hidrodinâmico

As folhas de chá verde cortadas são introduzidas num sistema hidrodinâmico patenteado (HYDYNE-GT®).

O sistema hidrodinâmico funciona de acordo com o princípio de "Cellular Retention Shearing - (CRS)" , em que as células do material vegetal são quebradas, o que ajuda a libertar os compostos bioactivos numa fase aquosa. O HYDYNE-GT® tem um arranjo especializado de Rotor - Estator com um número específico e padrões de dentes, que decompõe os materiais vegetais frescos em células mais pequenas - sub-microns e, finalmente, em nano substâncias.

GRÁFICO DE FLUXO a:

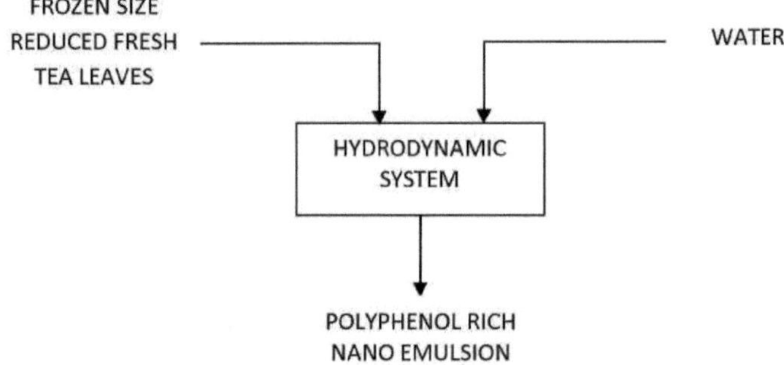

PROCESSO DE EXTRACÇÃO HIDRODINÂMICA DO CHÁ VERDE

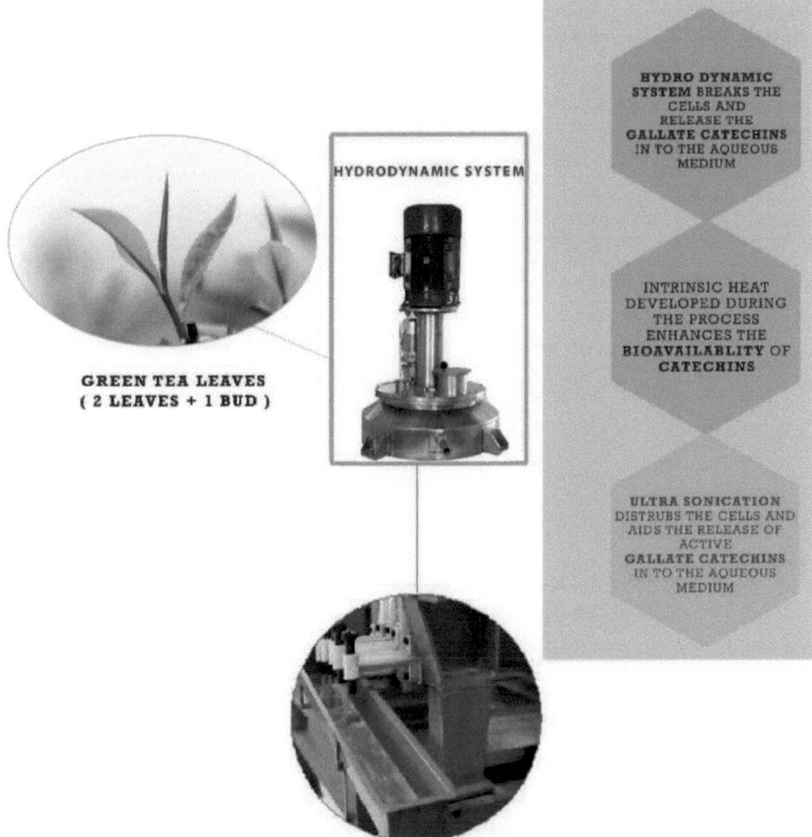

Como este sistema cria acústica durante o processamento, aumenta a libertação de metabolitos secundários para o meio aquoso. Devido ao elevado cisalhamento e à ultra-sonificação, é gerado um calor intrínseco que ajuda a uma extração mais rápida dos princípios bioactivos. O perfil de temperatura é apresentado em pormenor no quadro 7 e no gráfico 1

Quando as folhas cortadas são introduzidas no sistema hidrodinâmico, o material vegetal fresco é convertido numa nano-emulsão. Esta nano-emulsão é rica em catequinas activas.

Tabela 7: Aumento da temperatura e distribuição do tamanho das partículas em relação ao tempo de processamento.

Time after feeding of fresh tea leaves(mins)	Temperature (°C)	Particle Size (Range)
5	31.40	Macro
10	51.00	Macro
15	61.00	Micron
20	73.00	Micron to sub Micron
25	83.00	Sub Micron
30	90.00	Sub Micron to Nano
35	92.00	Nano particles 50%
40	94.00	Nano particles 75%
45	95.00	Nano Emulsion 25%
50	95.50	Nano Emulsion 50%
55	96.10	Nano Emulsion 100%
60	96.50	Nano Emulsion 100%

GRÁFICO 1

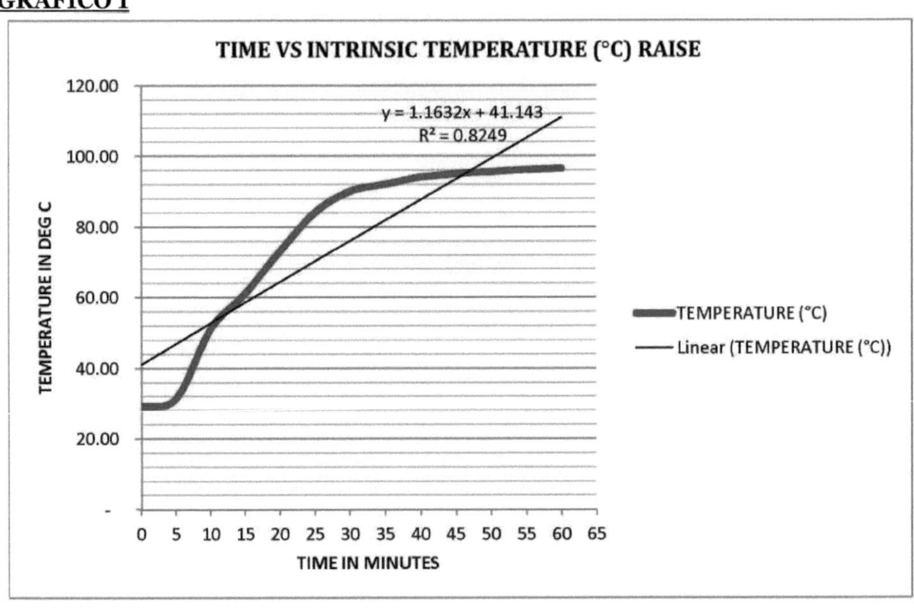

<u>Diagrama 10: Diagrama mímico PLC-SCADA de um sistema hidrodinâmico comercial baseado na tecnologia noval.</u>

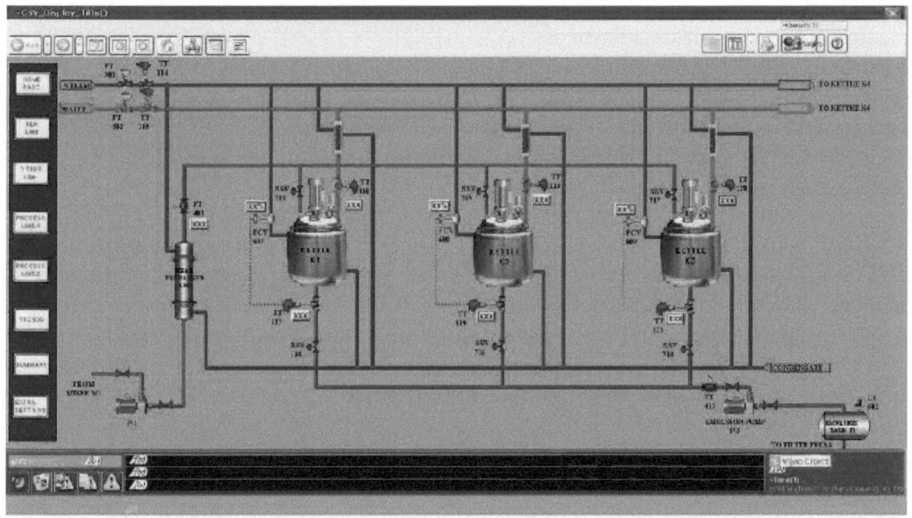

CAPÍTULO 8

Fase III:

Filtragem

A nanoemulsão produzida a partir do HYDYNE-GT® é processada na fase seguinte, onde as partículas macro devem ser removidas para obter uma nanoemulsão clara. Uma vez que a separação não pode ser feita utilizando quaisquer outros métodos físicos, tais como a centrifugação ou a destilação, uma vez que estas metodologias danificam as moléculas bioactivas activas, preferimos utilizar uma placa e uma estrutura ou uma prensa de filtro de retenção zero ou uma filtração a vácuo.

Nesta fase, é utilizado um filtro-prensa de placa e estrutura; a lama é passada através das placas do filtro-prensa por uma bomba a 7 kg de pressão. As placas de filtragem são de qualidade alimentar/farmacêutica, com um pano de filtragem adequado com um padrão de poros específico. A nanoemulsão transparente é recolhida num tanque de recolha.

Diagrama 11. Filtro prensa de placa e estrutura.

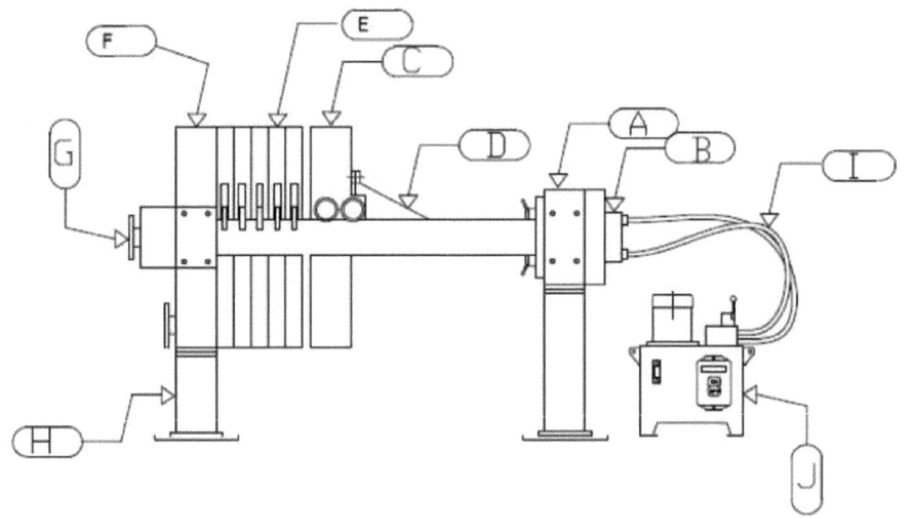

MARKING	DESCRIPTION
A	Hydraulic Head
B	Hydraulic cylinder
C	Slider head
D	Distance piece
E	PP Plates
F	Fixed head
G	Feeding area
H	Leg
I	Hydraulic hose
J	Power pack

O ar é soprado nas placas de filtragem para absorver completamente o líquido da nanoemulsão.

O bolo sólido residual é retirado das placas de filtração, uma vez assegurado o isolamento completo da nanoemulsão.

O seguinte é um filtro prensa Zerohold up, que deve ser usado em vez de placa e quadro de filtro prensa. Este equipamento também funciona com o mesmo princípio do filtro prensa de placa e estrutura.

Diagrama 12. Filtro prensa de retenção zero.

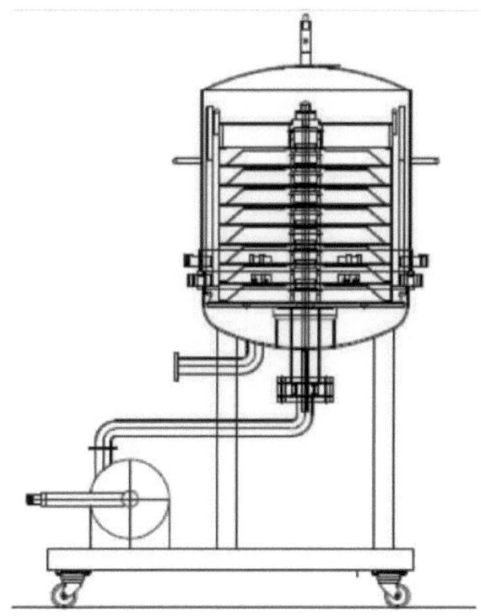

GRÁFICO DE FLUXO 4:

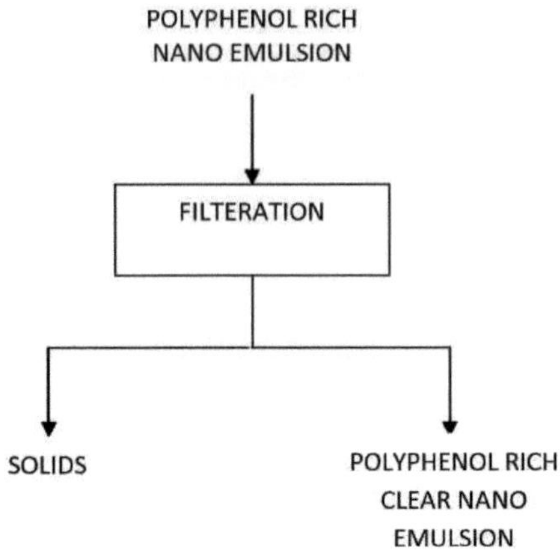

CAPÍTULO 9

Estágio IV;
Extração
A catequina ativa na nanoemulsão aquosa tem de ser isolada, o que é feito por extração líquido-líquido (LLE).

Neste processo, é utilizado um Extrator Líquido-Líquido em aço inoxidável, em conformidade com as normas ASME e cGMP. O extrator LLE é um recipiente encamisado com um fundo cónico. A camisa é adequada para a passagem de vapor a alta pressão. Isto ajuda a aquecer a mistura de extração.

Um agitador de binário elevado faz parte do Extrator Líquido-Líquido, que é rodado por um motor à prova de fogo, que é controlado por um variador de frequência (VFD) para ajustar a velocidade do agitador.

Esquema 13. Extrator líquido-líquido.

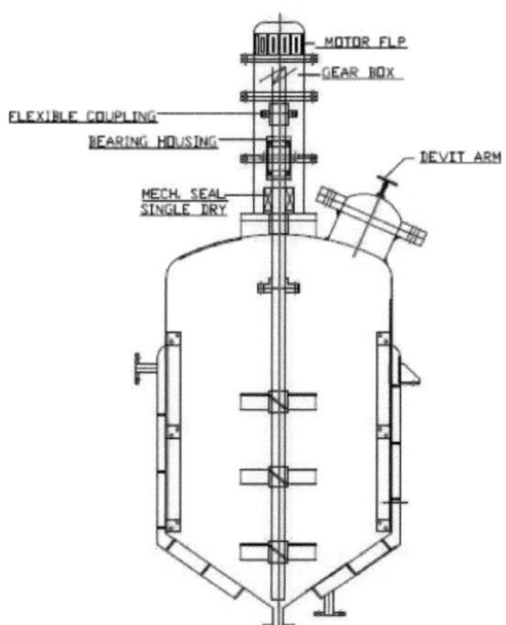

A nanoemulsão aquosa clara é passada para o Extrator Líquido-Líquido. Simultaneamente, um solvente não polar adequado é bombeado para o Extrator Líquido-Líquido.

O agitador é ligado durante um período de tempo estipulado. Uma vez assegurada uma extração líquido-líquido completa, a agitação é desligada e a mistura de extração é deixada separar-se. Passados alguns minutos, e após a separação completa da fase solvente e da fase aquosa, ambas são recolhidas nos respectivos depósitos. A fase solvente, rica em catequinas activas, é levada para processamento posterior.

GRÁFICO DE FLUXO 5:

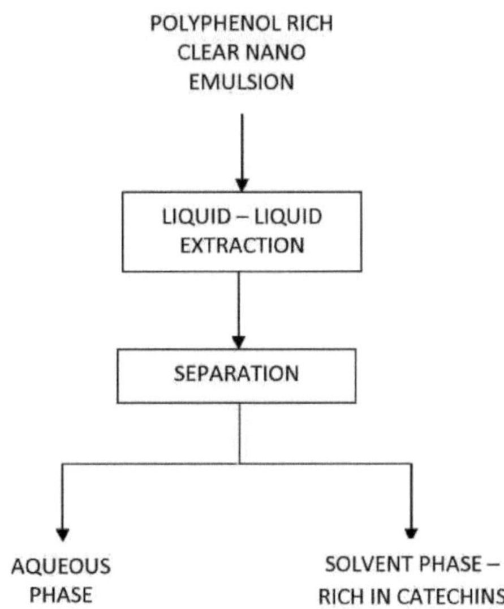

Diagrama 14. Diagrama mímico PLC-SCADA de uma unidade de produção comercial baseada na tecnologia noval.

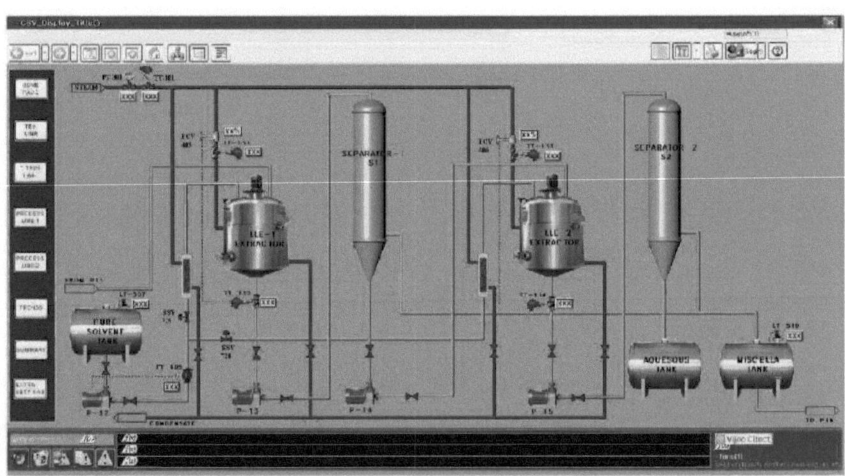

CAPÍTULO 10

Fase V:

Destilação e concentração

O solvente tem de ser removido para concentrar as catequinas activas. Isto tem de ser feito de tal forma que não haja degradação térmica das catequinas.

Uma vez concluída a extração líquido-líquido, a miscela é recolhida num tanque. Esta miscela contém todos os polifenóis activos e o sistema solvente/solvente. Esta miscela é levada para evaporação através de um CAMINHO DE DESTILAÇÃO DE CONTATO CURTO A BAIXA TEMPERATURA, que é uma combinação de evaporador de circulação forçada e sistema de destilação molecular. Consoante o volume da miscela, pode utilizar-se um sistema de fase única, de fase dupla ou de fases múltiplas.

GRÁFICO DE FLUXO 6

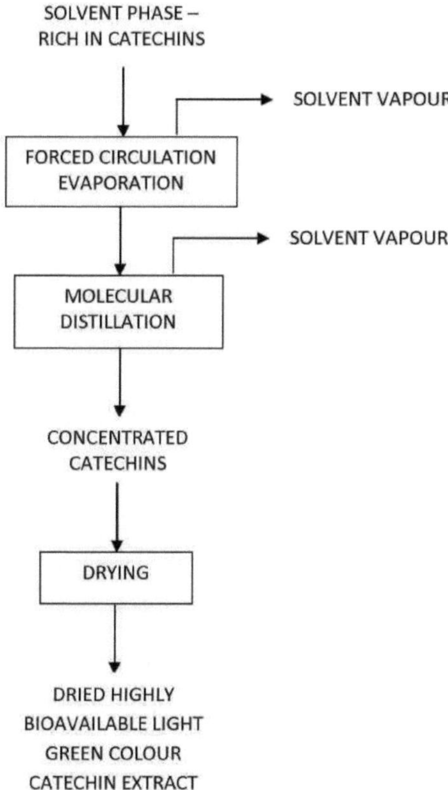

Na evaporação por circulação forçada, a miscela circula através de tubos ou feixes de tubos encerrados num invólucro a alta pressão por meio de uma bomba. O vapor é introduzido na caldeira para aquecer a miscela nos tubos ou feixes de tubos. A bomba envia o líquido para o tubo com uma velocidade positiva. À medida que o líquido sobe pelo tubo, aquece e começa a ferver. Como resultado, a mistura de vapor e líquido sai dos tubos a alta velocidade. A circulação forçada da miscela cria uma forma de agitação. Quando a miscela deixa os tubos e entra na cabeça de vapor, a pressão cai subitamente. Esta mistura atinge o deflector, separando eficazmente o líquido e o vapor. Isto leva ao flashing da miscela superaquecida. Assim, a evaporação é efectuada.

Diagrama 15: Um sistema de evaporação de circulação forçada de dois estágios

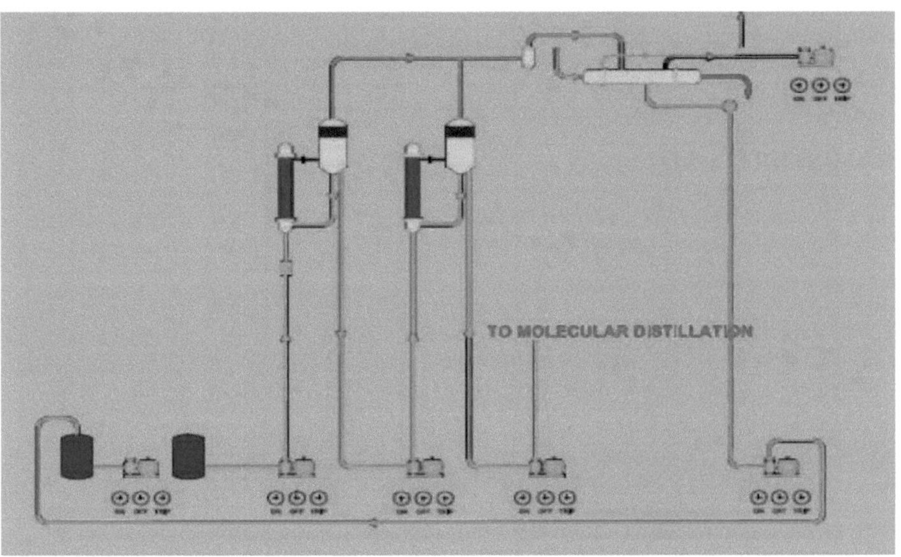

O vapor entra no separador de ciclones e sai do equipamento através de um condensador. Os solventes assim recolhidos serão reutilizados no ciclo de extração seguinte. O líquido concentrado entra na bomba para nova evaporação. Finalmente, o produto concentrado é recolhido.

É mantida uma altura suficiente de líquido (submersão) acima da entrada de licor no corpo de vapor e acima dos tubos do permutador de calor para suprimir a ebulição em massa na entrada e evitar a ebulição na superfície do tubo. Isto é necessário para evitar a precipitação nos tubos, o que levaria à incrustação da superfície de transferência de calor.

É fornecida uma taxa de circulação elevada para uma velocidade adequada do tubo, de modo a obter uma boa transferência de calor. Por conseguinte, são assegurados aumentos de temperatura mais baixos que minimizam a super saturação da solução.

O resultado da evaporação por circulação forçada é a miscela concentrada, que contém uma grande quantidade de catequinas. Esta é ainda concentrada na unidade de destilação molecular.

A destilação molecular é um método avançado de destilação em vácuo efectuado por evaporadores de percurso curto. A distância entre o evaporador e o condensador é extremamente reduzida, o que resulta numa queda de pressão minimizada. O material sensível ao calor encontra calor durante um curto período de tempo sob vácuo elevado, pelo que ocorre pouca ou nenhuma decomposição.

A destilação molecular é considerada como o modo mais seguro de separação e purificação de moléculas termicamente instáveis e compostos relacionados com baixa volatilidade e elevado ponto de ebulição. O processo distingue-se pelo curto tempo de residência na zona do evaporador molecular exposta ao calor e pela baixa temperatura de funcionamento devido ao vácuo no espaço de destilação.

O processo de destilação molecular é efectuado a uma pressão muito baixa, de modo a que a distância entre a superfície quente e a superfície de condensação seja inferior ao caminho livre médio das moléculas. O número de estágios de integração da unidade molecular depende do volume de miscela a ser processado.

A destilação molecular é aplicada a materiais termicamente sensíveis de elevado peso molecular (entre 250 e 1200). O peso molecular das catequinas varia entre 290 e 458, como referido no quadro. Os tempos de contacto em unidades comerciais podem ser inferiores a 0,001 segundos. A película
A espessura é da ordem de 0,05 - 0,1 mm, que é criada por víboras adequadas que são rodadas no recipiente cilíndrico.

Uma unidade de destilação molecular tem um distribuidor de alimentação, que distribui a miscela uniformemente como uma película fina pelas víboras, o que aumenta a superfície de evaporação. O solvente evaporado é condensado no condensador interno utilizando água refrigerada e a miscela espessa/concentrada é enviada para o exterior através das víboras.

Esquema 16: Sistema de destilação molecular

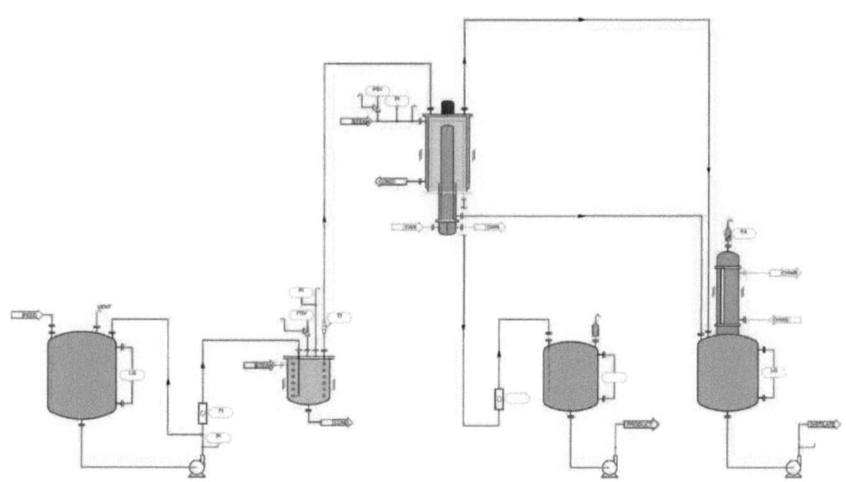

O sistema solvente/solvente é recolhido através de um condensador de ventilação externa e utilizado para extrair outros materiais. O extrato de catequina altamente concentrado é assim recolhido para processamento posterior ou para utilização direta.

Este método fornece um extrato de polifenol altamente bioativo e biodisponível que contém catequinas intactas. Como toda a sequência do processo é efectuada a baixa temperatura e com um tempo de permanência curto com elementos de aquecimento.

Todo o processo é controlado por um software PLC-SCADA com todos os sistemas de controlo do processo, como o controlo da temperatura, o controlo do fluxo, o controlo do vácuo e a viscosidade do produto.

Diagrama 17: Mímica PLC-SCADA do percurso de destilação a baixa temperatura e curto contacto de um sistema comercial baseado na tecnologia Noval

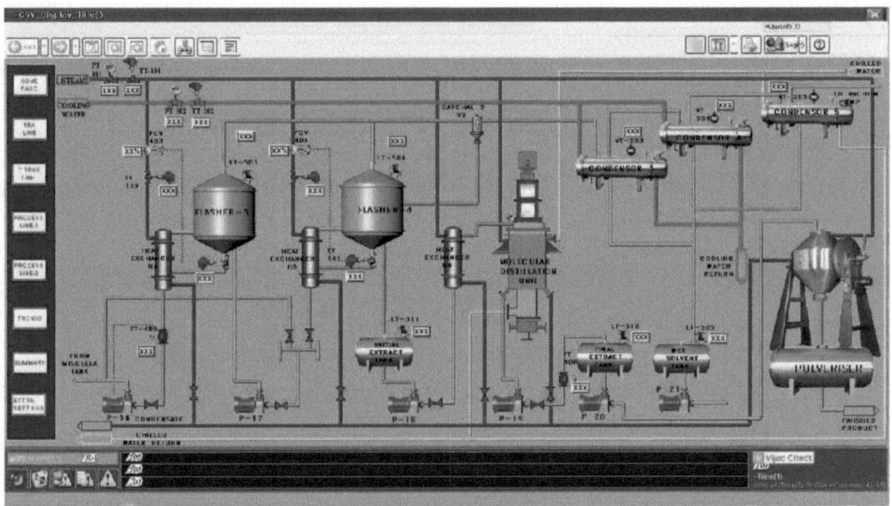

CAPÍTULO 11

Fase VI;

Secagem

A miscela concentrada é seca num secador de tabuleiro a vácuo, que converte a miscela concentrada em extractos em pó.

Diagrama 18; secador de tabuleiro por vácuo.

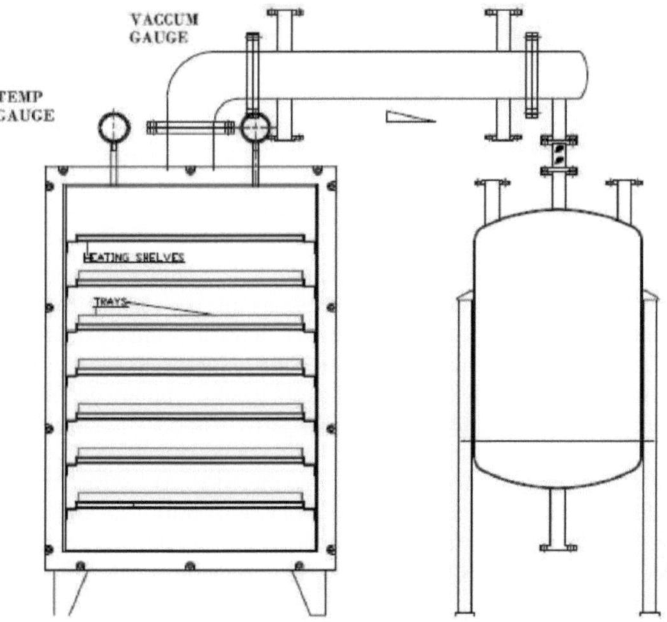

Diagrama 19: Secador de tabuleiro a vácuo com sistema de fluido térmico

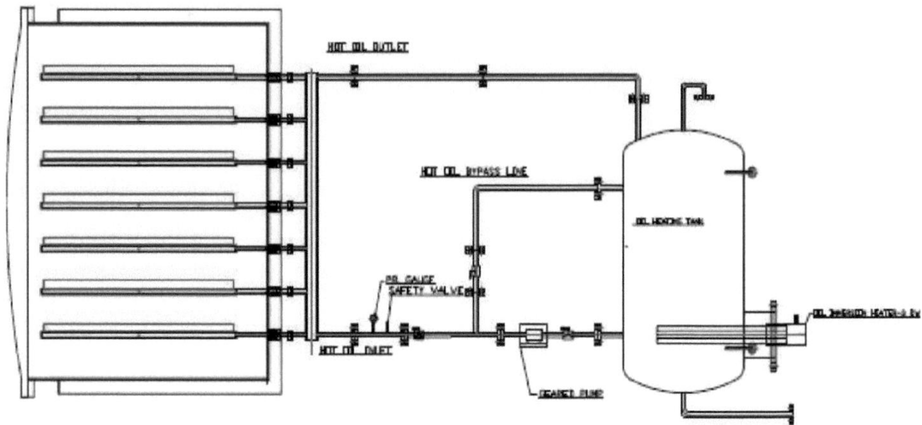

O secador de tabuleiros a vácuo é um equipamento utilizado para a secagem de materiais termo-lábeis. Este tem prateleiras de aquecimento, nas quais os tabuleiros cheios com a miscela concentrada são vertidos. Estes tabuleiros são fabricados em SS-316/Pharma grade. Depois de colocar a miscela concentrada nos tabuleiros, a porta do secador é fechada e é aplicado vácuo. Um condensador de concha e tubo está ligado à câmara de secagem, através do qual o solvente restante é recolhido num tanque.

O aquecimento das prateleiras é efectuado por dois métodos. A) Passagem de um fluido térmico através de um sistema de aquecimento a óleo e b) utilização de vapor saturado produzido por caldeiras a vapor. Para aplicações comerciais, a caldeira a vapor é preferível ao sistema de óleo quente. Um secador de tabuleiros a vácuo aquecido por um sistema de óleo quente é explicado no diagrama ....

O elevado vácuo permitiu que o extrato fosse seco a uma temperatura muito baixa, evitando assim a degradação térmica. Quando o solvente é completamente removido, o vácuo é libertado; as portas abrem-se e recolhem os cristais secos dos extractos de catequina.
Este extrato é reduzido a uma dimensão através de um pulverizador/micronizador.

CAPÍTULO 12

PERFIL DE CATEQUINAS DO EXTRACTO:

A composição das catequinas no extrato produzido pela tecnologia Hydyne é feita por métodos de HPLC, de acordo com o método descrito por Sakakibara et.al., (2003) e os métodos ISO 14502-2:2005. A tabela seguinte mostra a disponibilidade percentual das oito catequinas e da cafeína no extrato. Inclui-se também um cromatograma de referência.

QUADRO 8: COMPOSIÇÃO FITOQUÍMICA DO EXTRACTO DE CHÁ VERDE DESENVOLVIDO PELA CLEAN GREEN BIOSYSTEMS. TESTE EFECTUADO POR COVANCE LABORATORIES, EUA.

COMPONENT	% AVAILABILITY*
Catechin (C)	2.30
Epicatechin (EC)	5.68
Gallocatechin (GC)	3.39
Epigallo catechin (EGC)	29.20
Catechin Gallate (CG)	1.21
Epicatechin Gallate (ECG)	8.69
Gallocatechin Gallate (GCG)	6.71
Epigallocatechin Gallate (EGCG)	29.40
Caffeine	11.80
Total catechins	86.58
Total Polyphenol	65.00

GRÁFICO 2: CROMATOGRAMA DE REFERÊNCIA DO PADRÃO DAS CATEQUINAS

Catechin fraction-analysis using HPLC

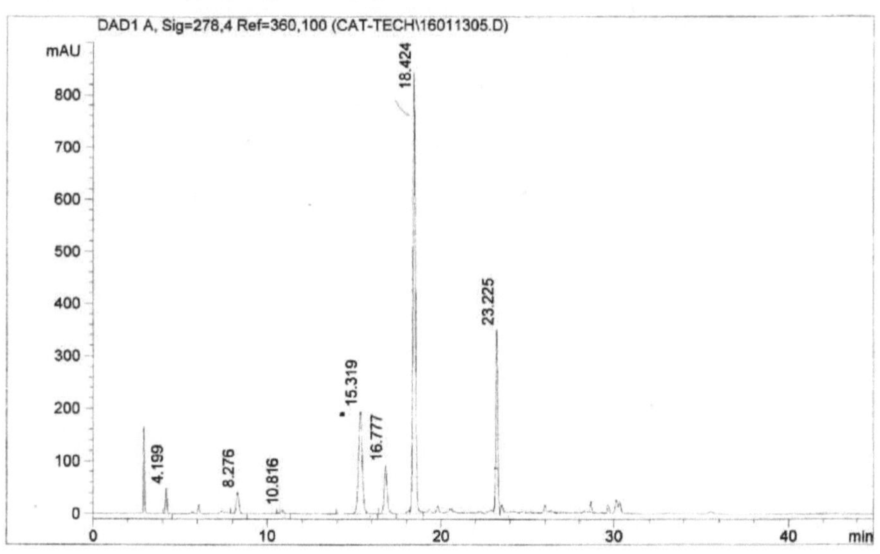

GRÁFICO 3: Gráfico de pizza do perfil das catequinas

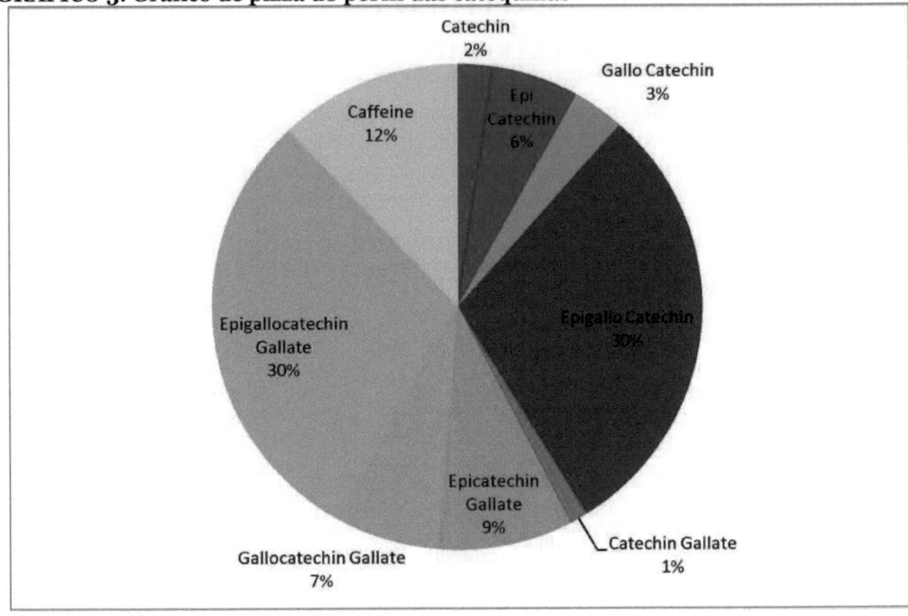

CAPÍTULO 13

RESULTADOS PRELIMINARES DO ENSAIO DE BIODISPONIBILIDADE

A biodisponibilidade dos extractos de chá verde está, por vezes, relacionada com a atividade antioxidante, que tem uma correlação positiva e significativa com EGC e EGCG, avaliada através de uma correlação de Pearson, e com EC nos ensaios FRAP e DPPH. Isto confirma que o conteúdo e a estrutura das catequinas influenciam grandemente a atividade antioxidante e, por sua vez, a biodisponibilidade dos polifenóis do chá verde.

Foi realizado um ensaio de biodisponibilidade de fase 1 em humanos utilizando os extractos de catequinas produzidos com a nossa tecnologia e comparados com um complexo de chá verde adquirido no mercado. Os resultados mostram que o nosso extrato tem o dobro da quantidade de catequinas totais por massa do que o comparador testado. Ao comparar o chá verde comercial com o nosso extrato, os resultados mostraram um aumento de dez vezes de oito catequinas no sangue. O comparador resultou em apenas duas catequinas detectáveis do comparador. A absorção de catequinas foi aumentada cinco vezes no nosso extrato em comparação com o complexo comercial de chá verde. Em comparação com o complexo comercial, o tempo de vida das moléculas de catequinas no sangue foi duplicado no caso do nosso extrato. A biodisponibilidade foi assim aumentada dez vezes para as oito catequinas reconhecidas, incluindo a EGCG.

Para compreender melhor a dinâmica molecular das catequinas no corpo humano quando são ingeridas, é necessário determinar as quantidades de catequinas no sangue como marcador biológico da biodisponibilidade das catequinas extraídas por este método noval (oito tipos de catequinas epi e não epi). Utilizando a cromatografia líquida e a espetrometria de massa com ionização por electro-spray (ESI-MS), todos os oito tipos de catequinas no plasma de pessoas que consumiram o extrato de catequinas sob a forma de cápsula, e puderam rastrear as alterações nas concentrações de catequinas ao longo do tempo (J Chromatogr B 834 (2006) 26). Este método tornou possível estudar a cinética das catequinas do chá verde no corpo humano. Como medida de comparação, é também estudado um extrato de catequinas disponível no mercado. O estudo comparativo mostra que o extrato de catequinas obtido pela tecnologia Hydyne tem uma concentração plasmática mais elevada do que o padrão de referência ou o comparador.

Os gráficos seguintes mostram a biodisponibilidade das catequinas totais e da EGCG, a principal catequina farmacologicamente importante, que é referida em termos de concentrações plasmáticas.

GRÁFICO 4:

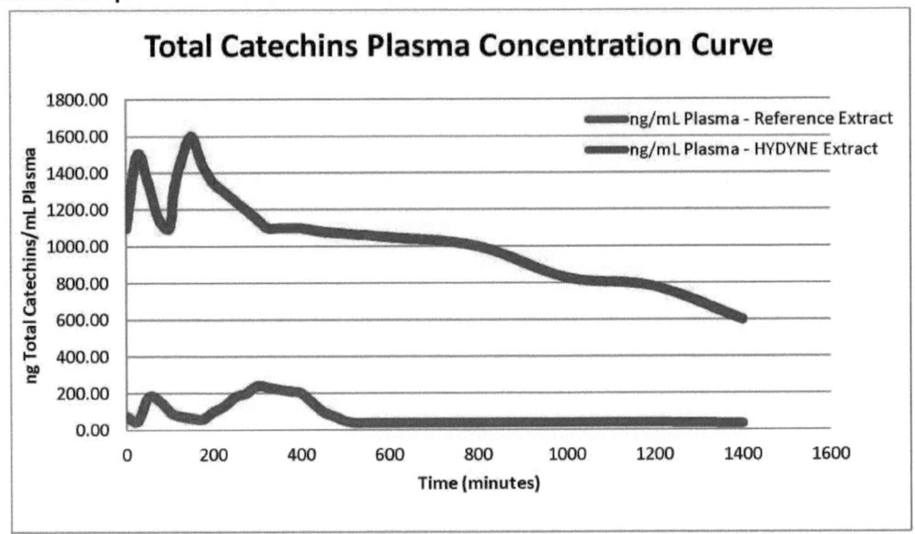

GRÁFICOS:

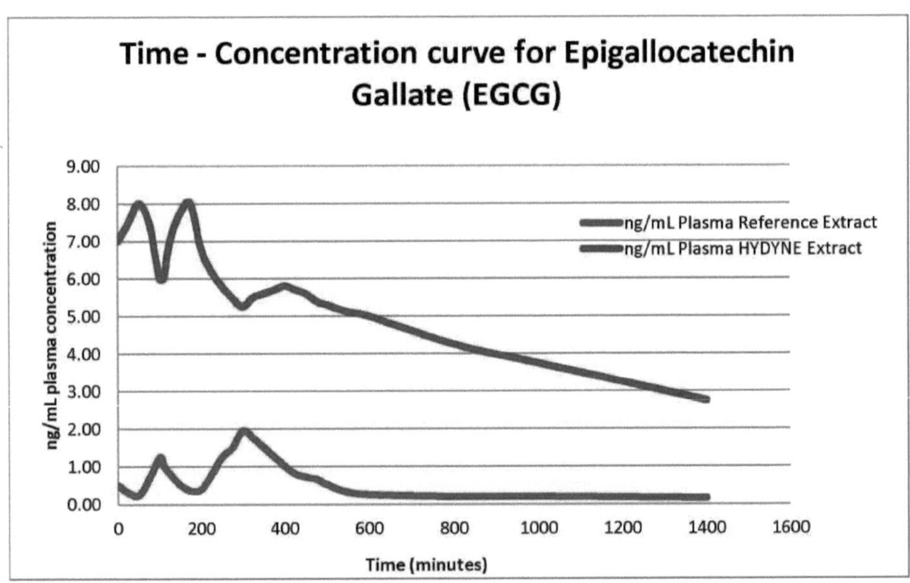

Foi feita uma atividade anti-malária do extrato de catequinas produzido pelo nosso método que mostra que este extrato tem um controlo significativo sobre o parasita da malária, Plasmodium, numa dosagem de 75,68 μM.

PLACA i: Os equipamentos utilizados no desenvolvimento da tecnologia noval.

HYDYNE - GT

LIQUID-LIQUID EXTRACTOR

FILTER PRESS

FORCED CIRCULATION EVAPORATOR

VACUUM TRAY DRYER

PLACA 2: IMAGENS DO SISTEMA COMERCIAL:

REFERÊNCIAS:

Bansal, S., Syan, N., Mathur, P., Choudhary, S.; (2011); "Pharmacological profile of green tea and its polyphenols"; A Review. *Med. Chem. Res., 21,* (11): 3347-3360.

Bhatia, I.S.; (1961); "Composition of Leaf in Relation to Liquor Characteristics of Made Tea"; Two and a Bud, 83:11-14.

C.F. Rodrigues, K. Ascençao, F.A.M. Silva, B. Sarmento, M.B.P.P. Oliveira e J.C. Andrade,; (2013); Sistemas de entrega de medicamentos de catequinas de chá verde para melhorar a estabilidade e biodisponibilidade "; *Química Medicinal Atual; Vol. 20.*

Chow, H.H., Cai, Y., Hakim, I.A., Crowell, J.A., Shahi, F., Brooks, C.A., Dorr, R.T., Hara, Y., Alberts, D.S.; (2003); "Pharmacokinetics and safety of green tea polyphenols after multiple-dose administration of epigallocatechin gallate and polyphenon E in healthy individuals"; *Clin. CancerRes. 9:* 3312-3319.

Derliz Mereles 1,* and Werner Hunstein 2; (2011); "Epigallocatechin-3-gallate (EGCG) for Clinical Trials: More Pitfalls than Promises?"; *Int. J. Mol. Sci.* 2011,*12,* 5592-5603; doh10.3390/ijms12095592,

Erba, D., Riso, P., Bordoni, A., Foti, P., Biagi, P.L., Testolin, G.; (2005); "Effectiveness of moderate green tea consumption on antioxidative status and plasma lipid profile in humans"; *J. Nutr. Biochem. 16*: 144-149.

Ercisli, Sezai, Emine Orhan, Ozlem Ozdemir, Memnune Sengul e Neva Gungor; (2008); "Seasonal Variation of Total Phenolic, Antioxidant Activity, Plant Nutritional Elements, and Fatty Acids in Tea Leaves Grown in Turkey"; Pharmaceutical Biology 46: 683-687

Harbowy, Matthew E., e Douglas A. Balentine; (1997); "Tea Chemistry." Critical Reviews in Plant Sciences 16, no. 5: 415-480

Ho, C.T.; Lin, J.K.; Shahidi, F.; (2008); *Tea and Tea Products: Chemistry and HealthPromoting Properties"*; CRC Press: Boca Raton, FL, EUA: 131-160.

Jun X, Deji S, Shou Z, Bingbing L, Ye L, Rui Z.; (2009); "Caracterização de polifenóis de folhas de chá verde utilizando uma extração de alta pressão hidrostática"; Int J Pharm ,382 (1-2): 139-143.

Jun X, Shuo Z, Bingbing L, Rui Z, Ye L, Deji S, Guofeng Z.; (2010); "Separação das principais catequinas do chá verde por extração a ultra alta pressão"; Int J Pharm 386 (1-2): 229-231.

Juneja, L.R., Kapoor, M.P., Okubo, T., Rao, T.; (2013); "*Green Tea Polyphenols: Nutraceuticals of Modern Life"*; CRC Press: Boca Raton, FL, EUA: pp. 19-23.

Khokhar, S., Magnusdottir, S.G.; (2002); "Total phenol, catechin, and caffeine contents of teas commonly consumed in the United Kingdom"; *J. Agric. Food Chem. 50:* 565570.

Lan-Sook Lee, Sang-Hee Kim, Young-Boong Kim e Young-Chan Kim; (2014); "Análise quantitativa dos principais constituintes do chá verde com diferentes períodos de depenagem e sua atividade antioxidante"; *Moléculas, 19,* 9173-9186; dok10.3390/molecules19079173.

Liang H, Liang Y, Dong J, Lu J.; (2007a); "Tea extraction methods in relation to control of epimerization of tea catechins" J Sci Food Agric 87(9): 1748-1752.

LiangH, LiangY, Dong J, Lu J, XuH,Wang H.; (2007b); "Decaffeination of fresh green tea leaf (*Camellia sinensis*) by hot water treatment"; Food Chem 101(4): 1451-1456.

Lin, Y.S., Tsai, Y.J., Tsay, J.S., Lin, J.K.; (2003); "Factors affecting the levels of tea polyphenols and caffeine in tea leaves"; *J. Agric. Food Chem. 51*: 1864-1873.

Lee, J.E., Lee, B.J., Hwang, J.A., Ko, K.S., Chung, J.O., Kim, E.H., Lee, S.J., Hong, Y.S.; (2011); "Metabolic dependence of green tea on plucking positions revisited: Um estudo metabolómico"; *J. Agric. Food Chem. 59*: 10579-10585.

Nenad Naumovski 1,2,*, Barbara L. Blades 2 e Paul D. Roach 2; (2015); "Os alimentos inibem a biodisponibilidade oral do principal antioxidante do chá verde, galato de epigalocatequina, em humanos"; *Antioxidantes, 4*: 373-393; doh10.3390⁄antiox4020373...,

Pan X, Niu G, Liu H.; (2003); "Extração assistida por micro-ondas de polifenóis do chá e cafeína do chá a partir de folhas de chá verde"; Chem Eng Process 42(2): 129-133.

Perva-Uzunalic A, Skerget M, Knez Z, Weinreich B, Otto F, Gruner S.; (2006); "Extraction of active ingredients from green tea (*Camellia sinensis*): extraction efficiency of major catechins and caffeine"; Food Chem 96: 597-605.

Quan V. Vuong, John B. Golding, Minh Nguyen, Paul D. Roach; (2010); "Extraction and Isolation of Catechins from Tea"; J. Sep. Sci, 33: 3415-3428.

Saijo, R., Takeda, Y.; (1999); "HPLC analysis of catechins in various kinds of green teas produced in Japan and abroad"; *J. Jpn. Soc. Food Sci. Technol., 46*: 138-147.

Satarupa Banerjee & Jyotirmoy Chatterjee; (junho de 2015); Estratégias de extração eficientes de biomoléculas de chá (*Camellia sinensis*); J Food Sci Technol 52(6): 3158-3168.

Tang WQ, Li DC, Lv YX, Jiang JG; (2011); "Concentração e secagem de polifenóis de chá extraídos de chá verde utilizando destilação molecular e secagem por pulverização"; Dry Technol 29(5): 584-590.

"Química do chá - Tocklai". Tocklai Tea Research Association, n.d. http://www.tocklai.org/activities⁄tea-chemistry⁄

Descobrir os segredos do chá - http://www.rsc.org/chemistryworld/2012/11/tea- benefícios para a saúde

Vuong QV, Golding JB, Stathopoulos CE, Nguyen MH, Roach PD; (2011); "Otimização das condições para a extração de catequinas do chá verde utilizando água quente"; J Sep Sci 34(21): 3099-3106.

Vuong QV, Stathopoulos CE, Golding JB, Nguyen MH, Roach PD; (2011b); "Condições óptimas para a extração em água de L-teanina do chá verde"; J Sep Sci 34(18): 2468-2474.

Wang L, Qin P, Hu Y.; (2010a); "Study on the microwave-assisted extraction of polyphenols from tea"; Front Chem Eng China 4(3): 307-313.

Xu R, Ye H, Sun Y, Tu Y, Zeng X.; (2012); "Preparação da caraterização preliminar das actividades antioxidantes, hepatoprotectoras e antitumorais dos polissacáridos da flor da planta do chá (*Camellia sinensis*)"; Food Chem Toxicol 50(7): 2473-2480.

Xu, J.Z., Yeung, S.Y., Chang, Q., Huang, Y., Chen, Z.Y.; (2004); "Comparação da atividade antioxidante e da biodisponibilidade das epicatequinas do chá com os seus epímeros"; *Br. J. Nutr., 91*: 873-881.

Zhao, C., Li, C., Liu, S., Yang, L.; (2014); "As catequinas galloyl que contribuem para a principal capacidade antioxidante do chá feito de *Camellia sinensis*"; China. *Sci. World J.*: 1-11.

Zhen, Yong-su; (2002); "Tea: Bioactivity and Therapeutic Potential"; Londres: Taylor & Francis.

O CONTEÚDO DESTE LIVRO É O RESULTADO DA PATENTE DOS AUTORES NO: 201741041512 de 20.11.2017

MIX
Papier aus verantwortungsvollen Quellen
Paper from responsible sources
FSC® C105338

Printed by Books on Demand GmbH, Norderstedt / Germany